Amal Ben Zina
Feten Bouaziz

Etude d'appréciation des consommateurs de qlq variétés d'huile d'olive

Amal Ben Zina
Feten Bouaziz

Etude d'appréciation des consommateurs de qlq variétés d'huile d'olive

Relation entre paramètres physicochimiques et sensorielles

Éditions universitaires européennes

Impressum / Mentions légales

Bibliografische Information der Deutschen Nationalbibliothek: Die Deutsche Nationalbibliothek verzeichnet diese Publikation in der Deutschen Nationalbibliografie; detaillierte bibliografische Daten sind im Internet über http://dnb.d-nb.de abrufbar.

Alle in diesem Buch genannten Marken und Produktnamen unterliegen warenzeichen-, marken- oder patentrechtlichem Schutz bzw. sind Warenzeichen oder eingetragene Warenzeichen der jeweiligen Inhaber. Die Wiedergabe von Marken, Produktnamen, Gebrauchsnamen, Handelsnamen, Warenbezeichnungen u.s.w. in diesem Werk berechtigt auch ohne besondere Kennzeichnung nicht zu der Annahme, dass solche Namen im Sinne der Warenzeichen- und Markenschutzgesetzgebung als frei zu betrachten wären und daher von jedermann benutzt werden dürften.

Information bibliographique publiée par la Deutsche Nationalbibliothek: La Deutsche Nationalbibliothek inscrit cette publication à la Deutsche Nationalbibliografie; des données bibliographiques détaillées sont disponibles sur internet à l'adresse http://dnb.d-nb.de.

Toutes marques et noms de produits mentionnés dans ce livre demeurent sous la protection des marques, des marques déposées et des brevets, et sont des marques ou des marques déposées de leurs détenteurs respectifs. L'utilisation des marques, noms de produits, noms communs, noms commerciaux, descriptions de produits, etc, même sans qu'ils soient mentionnés de façon particulière dans ce livre ne signifie en aucune façon que ces noms peuvent être utilisés sans restriction à l'égard de la législation pour la protection des marques et des marques déposées et pourraient donc être utilisés par quiconque.

Coverbild / Photo de couverture: www.ingimage.com

Verlag / Editeur:
Éditions universitaires européennes
ist ein Imprint der / est une marque déposée de
OmniScriptum GmbH & Co. KG
Heinrich-Böcking-Str. 6-8, 66121 Saarbrücken, Deutschland / Allemagne
Email: info@editions-ue.com

Herstellung: siehe letzte Seite /
Impression: voir la dernière page
ISBN: 978-3-8417-4619-1

Table des matières

INTRODUCTION GENERALE

L'huile d'olive est une composante principale du régime alimentaire méditerranéen connue pour ses effets bénéfiques sur la santé et sa richesse en antioxydants.

Vue l'importance de cette huile, le Conseil Oléicole Internationale a établit des normes qui définissent sa classification commerciale en plusieurs catégories basées sur ses caractéristiques physicochimiques et organoleptiques. Ce qui a fait que plusieurs études quantitatives et qualitatives approfondies se sont intéressées aux compositions physico-chimiques et sensorielles de l'huile d'olive, ainsi qu'aux corrélations entre l'évaluation sensorielle des huiles et les composants mineurs. Cependant, peu de recherches se sont préoccupées du consommateur qui est un instrument de mesure dont l'évaluation est très importante pour l'analyse sensorielle des produits alimentaires. Cette évaluation sensorielle de l'huile d'olive est largement utilisée comme outil puissant pour appréhender les attentes des consommateurs et leurs préférences.

C'est dans ce cadre que s'inscrit notre travail de projet de fin d'étude, qui a eu comme cible le consommateur tunisien enquêté dans le but de décortiquer le marché local et mieux comprendre ses attentes et ses préférences. L'enquête menée avait pour objectifs :

- La caractérisation des consommateurs par leur âge, genre, origine, classe socioprofessionnelle…etc.

- L'étude de l'effet de la période de récolte et de taux de maturité des olives sur les préférences des consommateurs.

- Déterminer les variétés favorites parmi le lot variétal étudié, ainsi que l'effet localité sur les préférences consommateurs.

- Suivre l'effet des paramètres physico-chimiques et du changement des paramètres du processus d'extraction sur le choix de l'huile d'olive par le consommateur tunisien.

Chapitre 1 : Etude bibliographique

I.   Botanique de l'olivier et description morphologique

L'olivier appartient au genre *Olea*, qui est constitué de 30 espèces différentes. L'olivier appartient à la famille des oléacées et elle possède deux sous espèces :

- *Olea europaea sylvestris* : l'olivier sauvage ou oléastre poussant spontanément dans la garrigue.

- *Olea europaea sativa* : l'olivier cultivé qui possède de nombreuses espèces.

L'olivier est toujours vert : ses feuilles tombent avec un cycle de trois années. Comme elles ne tombent pas toutes en même temps, l'arbre donne l'impression d'être toujours vert.

Il peut vivre plusieurs siècles, d'ailleurs plusieurs pays sont fiers d'avoir des arbres millénaires.

Il est avant tout méditerranéen et résiste à la sécheresse, au froid (jusqu'à moins de 15 degrés) Il craint l'excès d'humidité surtout à son pied et une trop importante hygrométrie.

Il pousse quand la température dépasse 10 à 12 degrés, soit environ sur 8 à 10 mois au cours d'une année. Il a 2 périodes de croissance (le printemps et l'automne) et il a une période de dormance estivale.

Ses feuilles sont lancéolées, persistantes. Elles sont vertes grisâtre, coriaces à bords révoluté.

Ses fleurs s'épanouissent en petites grappes blanches. Chaque grappe donnera un seul fruit.

Son fruit ovoïde, l'olive, est vert puis noir à maturité complète. IL a un noyau fusiforme.

Son bois très dur est imputrescible et est utilisé en ébénisterie.

Son système radiculaire est un chevelu très dense, il a ainsi un ancrage solide dans le sol qui lui permet de résister aux vents, à la sécheresse et à l'érosion.

II.   Oléiculture et son importance économique

L'oléiculture et l'industrie oléicole occupent une part très importante dans l'économie agricole ainsi que dans l'équilibre social et écologique des pays producteurs de l'huile d'olive.

La culture de l'olivier s'étend sur prés de 10 million d'hectares et compte plus de 930 million de pieds concentrés essentiellement au niveau des pays du bassin méditerranéen (90,3%) dont notamment l'Espagne, l'Italie, et la Grèce du continent européen, la Tunisie et le Maroc du continent africain et la Turquie et la Syrie du continent asiatique (Grati-kammoun 2007)[1].

Le marché mondial de l'huile d'olive dominé par les pays européens et fréquemment excédentaire. Il se caractérise par un accroissement de la consommation au niveau de nouveaux pays habituellement non consommateurs, un changement de la structure qualitative de la demande en faveur des huiles de qualité et l'émergence de nouveaux pays producteurs et exportateurs comme, l'Australie, Iran, USA, Chine etc. (Grati-kammoun 2007).

Sur le plan national, la production d'olive contribue pour prés de 7% à la valeur totale de la production agricole. L'huile d'olive représente 10% de la valeur totale de la production des industries agroalimentaires et contribue pour 40% à la valeur des exportations agricoles et alimentaires et pour 3% à la valeur de l'exportation des biens et service (Grati-Kammoun 2007).

Sur le plan international, la Tunisie contribue pour 5% en moyenne à la production mondiale de l'huile d'olive et occupe la 4éme place après l'Espagne, l'Italie et la Grèce avec 72 milles de tonnes par an (moyenne 2002-2007). Elle contribue, par ailleurs, pour 10% en moyenne aux exportations mondiales et se place au 4éme rang après l'Espagne, l'Italie et la Grèce avec 11 mille tonnes par an.

En plus de ce rôle économique important, l'oléiculture joue un rôle social et environnemental capital en procurant plus de 40 million de journées de travail par an en moyenne correspondant à 20% de l'emploi agricole et en permettant une bonne conservation et une meilleure réservation et valorisation des sols les plus accidentés qui ne se prêtent généralement pas à d'autres cultures (Karray, 2004) [2].

III.   Principales variétés de l'olivier en Tunisie

Le bassin méditerranéen constitue la région oléicole par excellence, ce qui traduit l'importance de l'oléiculture dans cette partie du monde. La Tunisie, de part sa situation géographique, n'échappe pas à cette règle. En effet, le pays compte plus de 66 millions de pieds répartis sur 1685000 hectares, soit le tiers de la surface agricole utile, répartis du nord au sud dans des conditions bioclimatiques très variées. La structure d'âge d'olivier est composée par 31% de jeunes arbres de (-20 ans), moins de (55%) d'arbres de 20 à 70 ans, et moins de 15% de vieux arbres âgés de plus que 70 ans (DGPDIA, 2006).

La caractéristique de cette culture, aussi ancienne que traditionnelle, est l'utilisation actuelle d'un matériel végétal sélectionné naturellement au fil des siècles. En effet, la foret est dominée par deux variétés à huile principales couvrant plus de 50% de l'effectif dans la zone : « Chemlali » et « Chetoui » (Msallem et al. ,2007).

- « Chemlali » : une variété à huile cultivée sur plus des 2/3 de la superficie de la foret (zone sahélienne, région sfaxienne et steppes). Elle contribue à plus de 60% dans la production nationale de l'huile d'olive et présente une variabilité morphologique et chimique qui fait apparaitre différentes variétés « Chemlali » comme par exemple : Chemlali Sfax, Chemlali Nord, Chemlali Zarzis, Chemlali Benguredene, Chemlali Tataouine.

- « Chetoui » : une variété à huile cultivée sur le tiers restant (Mogods-Khroumirie, vallée de la Medjerba, littoral nord est une partie des hauts plateaux) (Grati-kammoun et Khif, 2001).

Cette orientation sélective pourrait amener la disparition progressive des cultivars secondaires cantonnés dans des zones plus limités ou ils peuvent former des vergers monovariétaux comme :

- « Meski » : cultivé au nord et notamment dans les nouveaux périmètres irrigués.
- « Gerboui » : au Kef, Bèja et Jendouba
- « Oueslati » : aux gouvernorats de Séliana et Kairouan.
- « Chemchali » : dans les oasis de Gafsa.
- « Zalmati » : au sud-est (Zarzis, Jerba et Ben Gardane).
- « Marsaline » : à Bouarada.

IV. Huile d'olive

IV.1. Définition et dénomination

L'huile d'olive, est l'huile provenant uniquement du fruit de l'olivier (*Olea Europaea Sativa*) à l'exclusion des huiles obtenues par solvant ou par des procédés de réestérification et de tout mélange avec des huiles d'autre nature. Elle est commercialisée selon les dénominations et définitions ci-après:

⁕ **L'huile d'olive vierge** est l'huile obtenue du fruit de l'olivier uniquement par des procédés mécaniques ou d'autres procédés physiques dans des conditions, thermiques notamment, qui n'entraînent pas d'altération de l'huile, et n'ayant subi aucun traitement autre que le lavage, la décantation, la centrifugation et la filtration.

❖ **L'huile d'olive vierge propre à la consommation en l'état** comporte:

> ➤ *l'huile d'olive vierge extra*: huile d'olive vierge dont l'acidité libre exprimée en acide oléique est au maximum de 0.8 gramme pour 100 grammes et dont les caractéristiques organoleptiques correspondent à celles fixées pour cette catégorie par la présente Norme;

> ➤ *l'huile d'olive vierge* : huile d'olive vierge dont l'acidité libre exprimée en acide oléique est au maximum de 2 grammes pour 100 grammes et dont les caractéristiques organoleptiques correspondent à celles fixées par la norme pour cette catégorie.

> ❖ *l'huile d'olive vierge courante:* huile d'olive vierge dont l'acidité libre exprimée en acide oléique est au maximum de 3,3 grammes pour 100 grammes et dont les caractéristiques organoleptiques correspondent à celles fixées pour cette catégorie.

> ❖ **L'huile d'olive vierge non propre à la consommation en l'état,** dénommée huile d'olive vierge lampante est l'huile d'olive vierge dont l'acidité libre exprimée en acide oléique est supérieure à 3,3 grammes pour 100 grammes et/ou dont les caractéristiques organoleptiques correspondent à celles fixées pour cette catégorie.

Elle est destinée aux industries du raffinage ou à des usages techniques.

> ⊥ **L'huile d'olive raffinée** est l'huile d'olive obtenue des huiles d'olive vierges par des techniques de raffinage qui n'entraînent pas de modifications de la structure glycéridique initiale.

> ⊥ **L'huile d'olive** est l'huile constituée par le coupage d'huile d'olive raffinée et d'huile d'olive vierge propre à la consommation en l'état [3].

V.   Composition chimique de l'huile d'olive

L'huile d'olive se compose dans la plus grande partie d'une fraction saponifiable (98 à 99%) constituée principalement de triglycérides et un faible taux d'acide gras libres et d'une fraction insaponifiable (1 à 1.5%) formée de composés mineurs qui présentent une importance fondamentale de point de vue biologique et thérapeutique.

V.1. Composition de la fraction saponifiable

V.1.1 Triglycérides

Les triglycérides constituent le principal composant de l'huile d'olive (98%), constitué par une molécule de glycérol à laquelle sont jointes 3 molécules d'acides gras qui ne sont pas forcément identiques. Les triglycérides ont pour formule générale :

CH2-O-CO-R1

|

CH-O-CO-R2

|

CH2-O-CO-R3

R1, R2, R3, sont des radicaux à chaine aliphatique, comportant de 10 à 24 atomes de carbone, ces chaines grasses peuvent être mono, di ou poly insaturées.

V.1.2. Acides gras

L'huile d'olive possède un profil d'acides gras caractéristique, dominé par [4] [5] :

L'acide oléique : (50-80%) principal composant de l'huile d'olive, c'est un acide gras mono insaturé à 18 atomes de carbone.

CH3-(CH2)7-CH=CH-(CH2)7COOH

L'acide palmitique : (7.5-22%) acide gras saturé à 16 atomes de carbone.

CH3-(CH2)14-COOH

L'acide palmitoléique : (0.3-3.5%) acide gras mono-insaturé à 16 atomes de carbone.

CH3-(CH2)5-CH=CH-(CH2)7-COOH

L'acide stéarique : (0.5-3.5%) acide gras saturé à 18 atomes de carbone.

CH3-(CH2)16-COOH

L'acide linoléique : (3.5-2.5%) c'est le principale acide gras di-insaturé présent dans l'huile d'olive, a 18 atomes de carbone et deux doubles liaisons en C9 et en C12.

CH3-(CH2)4-CH=CH-CH2-CH=CH-(CH2)7-COOH

L'acide linolénique : (0-1.5%) il se caractérise par une chaine de 18 atomes de carbone et trois doubles liaisons en C9, C12 et C15, il est présent en très faibles quantités dans l'huile d'olive.

CH3-CH2-CH=CH-CH2-CH=CH-CH2-CH=CH-(CH2)7-COOH

V.2. Composition de la fraction insaponifiable

En plus des glycérides, on trouve dans l'huile d'olive des composés non glycéridiques, appelés souvent « composés mineurs » et qui représentent la fraction insaponifiable. Cette fraction est isolée après saponification de l'huile par une hydrolyse alcaline et extraction d'un solvant spécifique.

L'huile d'olive contient 0.5 à 2% d'insaponifiable. La fraction insaponifiable comprend un ensemble de composés qui méritent une attention particulaire. En effet, certains possèdent une valeur thérapeutique très importante, alors que d'autre sont souvent responsables de la note organoleptique (saveur et flaveur) de l'huile d'olive. Il est à noter que certaines substances comme les polyphénols et les tocophérols protègent l'huile d'olive contre le vieillissement [6]. Parmi les composés mineurs qui se trouvent dans l'huile d'olive on peut citer :

V.2.1. Hydrocarbures

Ce sont les constituants majeurs de la fraction insaponifiable représentant à peu prés 30-50%. Le principal représentant est le squaléne ($C_{30}H_{50}$) et peut atteindre 1250-7500mg/kg d'huile (Garrido Fernandez et al., 2004) [7].

V.2.2. Stérols

Les stérols sont des alcools tétra cycliques formés de quatre blocs comportant 17 atomes de carbone, une fonction OH en C3 et une chaine aliphatique greffée en C17 [8].

Ces composés sont présents dans l'huile d'olive sous forme libre et estérifiée avec les acides gras. En général, le contenu en stérols totaux est de l'ordre de 100 à 300 mg pour 100g d'huile. Associés aux chaines grasses des phospholipides, les stérols constituent les faces apolaires des parois cellulaires.

V.2.3. Alcools aliphatiques et triterpéniques

Les alcools aliphatiques et triterpéniques constituent un groupe de composés particulièrement intéressant sur le plan biologique. Ces composés sont présents dans l'huile d'olive aussi bien à l'état libre qu'estérifiés, à raison de 0.2%.

V.2.4. Composés phénoliques

L'huile d'olive est la seule huile végétale qui contient des quantités appréciables de substances phénoliques, ces derniers confèrent à l'huile un gout amer assez particulier et une résistance à l'oxydation [9].

L'effet antioxydant des composés phénoliques provient du fait que ces substances sont susceptibles de bloquer l'étape de propagation de la réaction d'auto oxydation des acides gras insaturés et inhibes le phénomène de rancissement oxydatif [10].

V.2.5. Tocophérols

Les tocophérols font partie des composés importants de l'huile d'olive en raison de leur contribution à la stabilité oxydative et à la qualité nutritionnelle de l'huile. La forme la plus prépondérante dans l'huile d'olive est l'α tocophérols, toutefois, les autres composés à savoir le β, γ, et le δ tocophérols sont pratiquement inexistants ou parfois se trouvent à l'état de trace.

V.2.6. Pigments colorés

L'huile d'olive contient essentiellement deux types de pigments colorés qui sont responsables de sa couleur caractéristique :

V.2.6.1. Chlorophylles
Ces composés sont connus comme étant des antioxydants à l'obscurité et des pro-oxydants à la lumière. Sous l'effet de la lumière les chlorophylles de couleur verte, se dégradent facilement en phéophytines a et b, de couleur marron, en perdant l'atome de magnésium. Ces différentes substances sont donc à l'origine de la couleur caractéristiques de l'huile d'olive, il est donc nécessaire lors de l'évaluation de la stabilité photo oxydative de ce produit, de tenir compte non seulement de la teneur total en chlorophylles mais aussi de celle des phéophytines produit de leur décomposition [11].

V.2.6.2. Caroténoïdes

Les caroténoïdes sont des composés très conjugués de formule brute $C_{40}H_{56}$ et qui présentent une forte absorption dans le domaine du visible. Ces composés inhibent la photo oxydation en absorbant la lumière, d'où l'effet protecteur de ces pigment sur les corps gras.

Ces composés existent sous trois formes. Ils sont présents dans l'huile d'olive à raison de 0.3 à 4 ppm. Le caroténoïdes le plus important est le β carotène, c'est le précurseur biochimique de la vitamine A. Ce composé et bien connu comme étant un désactivant de l'oxygène et de ce fait il est considéré parmi les inhibiteurs les plus efficaces de la photo oxydation induite par les pigments chlorophylliens [12].

VI. Différents systèmes d'extraction de l'huile d'olive

On distingue trois grands systèmes d'extraction qui se basent sur des méthodes différentes : le système discontinu d'extraction par presse, le système continu avec centrifugation à trois phases et à deux phases.

VI.1. Système discontinu d'extraction par presse

Dans le système discontinu d'extraction par presse, on utilise des presses métalliques ou des presses hydrauliques. Après l'effeuillage et le lavage, les olives sont broyées dans un broyeur à meules. La pâte issue du broyage est empilée dans les scourtins, à raison de 5 à 10 kg/scourtins. L'application de la pression sur la charge des scourtins doit être réalisée progressivement durant 45 à 60 mn. On obtient ainsi les grignons et les moûts. Le grignon est un sous produit utilisé dans l'alimentation de bétail et peut être traité pour en extraire l'huile de grignon. Quant aux moûts, ils sont ensuite décantés ou centrifugés afin de les débarrasser des margines et obtenir ainsi de l'huile.

La qualité des huiles produites par pression dépend de la qualité des olives et de la propreté des scourtins, en effet, des scourtins non lavés régulièrement augmentent l'acidité de l'huile et lui confèrent un défaut organoleptique (défaut dénommé «scourtin»).

VI.2. Système continu d'extraction avec centrifugation à trois phases

Ce système est basé sur une centrifugation à trois phases (huile, margines, grignon). Il consiste, après effeuillage, lavage et broyage des olives, à mélanger la pâte obtenue dans un malaxeur en ajoutant de l'eau tiède. Ainsi, on obtient un liquide dans lequel la pâte est en suspension. Ensuite, on procède à une centrifugation pour obtenir les grignons et les moûts d'huile, ces derniers sont débarrassés des margines par centrifugation pour donner de l'huile d'olive. Les premières utilisations de ce procédé datent des années 1970. En fait, l'introduction des procédés continus dans la production de l'huile d'olive a permis de réduire les coûts de transformation et la durée de stockage des olives, avec comme conséquence, une production oléicole de moindre acidité. Ces unités ont une capacité de traitement qui peut atteindre 100 tonnes d'olives/jours. Cependant, l'huile extraite se trouve appauvrie en composés aromatiques et en composés phénoliques ce qui diminue sa résistance à l'oxydation.

VI.3. Système continu d'extraction avec centrifugation à deux phases

Ce système fonctionne avec un décanteur et une centrifugeuse à deux phases (huile, margines) qui ne nécessite pas l'ajout d'eau pour la séparation des phases huileuses et solides, contenant les grignons et les margines. Il a une capacité de traitement élevée (jusqu'à 100 tonnes d'olives/jour) et une durée de chômage des olives dans l'attente de leur transformation qui est réduite, ce qui diminue l'acidité des huiles produites. Il permet d'obtenir des rendements en huile légèrement plus élevés que ceux obtenus par la centrifugation à trois phases et le système de presse. Ceci est confirmé par la détermination de la perte totale d'huile dans les sous-produits.

Le système à deux phases permet d'obtenir des huiles d'olives plus riches en polyphénols totaux. En effet, ce procédé n'utilise pas d'eau tiède pour la dilution de la pâte d'olives et ne génère ainsi que peu d'effluents liquides (margines). Il permet aussi de faire une économie en eau et en énergie thermique.

VII. Facteurs affectant la qualité de l'huile d'olive

L'huile d'olive produite à partir des fruits frais et sains et par des procédés mécaniques ou d'autres procédés physiques dans des conditions n'entrainant pas d'altération, devrait être de qualité vierge extra et présenter la composition chimique et les caractéristiques organoleptiques typiques du cultivar [13].

Toutefois, étant donné que l'huile d'olive est la résultante d'une série d'interaction entre facteurs génétiques, environnementaux et technologiques, sa composition chimique peut subir des variations dues à certaines facteurs tels que :

> - La variété
> - Les conditions climatiques, en particulier les précipitations

- ➤ L'interaction cultivar-environnement
- ➤ L'époque de récolte
- ➤ Le mode de transport des olives
- ➤ Un long séjour des olives à l'huilerie
- ➤ L'infection des fruits par des parasites
- ➤ La température du malaxage lors de l'extraction peut provoquer une thermo-oxydation de l'huile avec une hausse du paramètre K232 et une réduction de la teneur en phénols.
- ➤ L'addition de l'eau lors de l'extraction par le décanteur à trois phases ne réduit pas seulement la qualité mais augment le volume de margines produites, problème pour l'environnement.
- ➤ Les conditions de stockage de l'huile peuvent réduire la qualité, il doit être loin de la chaleur, l'humidité et la lumière et conditionné dans du verre teinté ou dans des récipients en inox.

L'obtention d'une huile d'olive vierge extra n'est pas facile et demande une bonne maîtrise des techniques de production. Il est donc impératif que du producteur jusqu'au consommateur, les olives et l'huile qu'elles fournissent soient à l'écart des facteurs pouvant altérer leurs qualités [13].

VIII.   Classification organoleptique : évaluation sensorielle

L'analyse sensorielle constitue un outil indispensable pour le contrôle de la qualité des huiles d'olives vierges. L'appréciation organoleptique de l'huile d'olive est effectuée par un groupe de dégustateurs spécialistes appelés « panel de dégustation » composé selon les normes du conseil oléicole international de 8 à 12 personnes. Les intensités de perceptions de chaque attribut sont évaluées selon une échelle élaborée par les normes du COI/T.20/Doc. n°15/Rev.2(2007) (Conseil Oléicole International). Les membres du panel sont entrainés à reconnaitre les différents flaveurs caractéristiques et à mesurer leurs intensités.

Les différents attributs que peuvent donner le panel de dégustation aux différentes huiles sont:

- ➤ **Attributs positifs**

Fruité : Ensemble des sensations olfactives caractéristiques de l'huile, dépendant de la variété des olives, provenant de fruits sains et frais, verts ou mûrs, perçues par voie directe et/ou rétro nasale.

Amer : Goût élémentaire caractéristique de l'huile obtenue d'olives vertes ou au stade de la véraison, perçu par les papilles caliciformes formant le V lingual.

*Piquan*t : Sensation tactile de picotement, caractéristique des huiles produites au début de la campagne, principalement à partir d'olives encore vertes pouvant être perçu dans toute la cavité buccale, en particulier dans la gorge.

Ces attributs positifs se trouvent généralement dans les huiles qui ont été extraites à partir d'olives sains et frais, non blessés et récoltés au début de la maturité ou plus particulièrement à un stade non tardif de maturité. Le cas contraire on obtient des huiles qui peuvent contenir des défauts ou appelés encore attributs négatifs, qui sont à l'origine des réactions d'oxydation des huiles ou de fermentations des olives ou autres facteurs pouvant détériorer la qualité du produit.

> **Attributs négatifs**

Chômé/Lies : Flaveur caractéristique de l'huile tirée d'olives entassées ou stockées dans des conditions telles qu'elles se trouvent dans un état avancé de fermentation anaérobie ou de l'huile restée en contact avec les « boues » de décantation, ayant elles aussi subi un processus de fermentation anaérobie, dans les piles et les cuves.

Moisi – humide – terre : Flaveur caractéristique de l'huile obtenue d'olives attaquées par des moisissures et des levures par suite d'un stockage des fruits pendant plusieurs jours dans l'humidité ou de l'huile obtenue d'olives ramassées avec de la terre ou boueuses et non lavées.

Vineux-vinaigré Acide-aigre : Flaveur caractéristique de certaines huiles rappelant le vin ou le vinaigre. Cette flaveur est due fondamentalement à un processus de fermentation aérobie des olives ou des restes de pâte d'olive dans des scourtins qui n'auraient pas été lavés correctement, qui donne lieu à la formation d'acide acétique, acétate d'éthyle et éthanol.

Rance : Flaveur des huiles ayant subi un processus d'oxydation intense.

Olive gelée (Bois humide) : Flaveur caractéristique d'huiles extraites d'olives ayant fait l'objet d'un processus de congélation sur l'arbre.

Chaque dégustateur faisant partie du jury doit flairer, puis déguster l'huile soumise à examen. Il doit ensuite porter sur les échelles de 10 cm de la feuille de profil (figure 1) à sa disposition l'intensité à laquelle il perçoit chacun des attributs négatifs et positifs.

Au cas où des attributs négatifs non énumérés seraient perçus, ceux-ci doivent être portés sous la rubrique « autres » en employant le ou les termes les décrivant avec le plus de précision parmi ceux définis.

FEUILLE DE PROFIL DE L'HUILE D'OLIVE VIERGE

INTENSITÉ DE PERCEPTION DES DÉFAUTS :

Chôme lies | |——————————————————————

Moisi-humidité-terre | |——————————————————————

Vineux - Vinaigré -
Acide - Aigre | |——————————————————————

Olive gelée
(Bois humide) | |——————————————————————

Rance | |——————————————————————

Autres (lesquels) | |——————————————————————

INTENSITÉ DE PERCEPTION DES ATTRIBUTS POSITIFS :

Fruité | |——————————————————————

vert   mûr

Amer | |——————————————————————

Piquant | |——————————————————————

Nom du dégustateur :

Code de l'échantillon :

Date :

Observations :

Figure 1 : Feuille de profil de l'huile d'olive vierge

Cette analyse qui pourrait paraître subjective est en fait très objective. Il faut savoir que pour être déclarée " huile d'olive vierge", le taux d'acidité d'une huile n'est pas le seul critère pris en compte. Elle doit être irréprochable du point de vue goût, odeur et texture. Seule une analyse sensorielle par un jury de dégustateurs compétents permet d'apprécier ces critères de manière objective (Demnati, 2008).

Ce type d'analyse couvre deux types d'essais fondamentalement différents : les essais analytiques et les essais hédoniques.

VIII.1. Panel expert

Il détermine les caractéristiques sensorielles de l'huile et le classement de ce dernier en fonction de son profil sensoriel, cette analyse est effectuée par un jury expert COI,2011.COI/T.20/Doc. no 15/Rev.4, pour le panel expert appelés « panel de dégustation pour déterminer les différentes flaveurs caractéristiques et mesurer leur intensité afin de fournir des résultats objectifs.

Ce type d'évaluation sensorielle décrit le vocabulaire spécifique pour l'huile d'olive vierge aux fins de la méthode, les attributs négatifs (chômé, moisi humide, lies, vineux vinaigré, métallique, rance), les attributs positifs (fruité, amer, piquant)

VIII.2. Panel consommateur : test hédonique

Les tests hédoniques sont conçus pour mesurer le degré d'appréciation d'un produit (Birca *et al,* 2005) [14].

C'est un test purement subjectif réalisé par des sujets naïfs c'est-à-dire un groupe de personnes non entrainées qui ne répondent à aucun critère particulier sur le plan sensoriel. Ils sont appelés par convention consommateurs (Ben Hassine, 2007)[15].

Chapitre 2 : Matériel et Méthodes

I. Matériel végétal

Les olives utilisées dans cette étude appartiennent à quatre variétés tunisiennes, « Chemlali », « Chetoui », « Chemchali » et « Leguim », issues de différentes régions géographiques, ainsi qu'une variété espagnole nouvellement introduite, «Arbequina» (Tableau I).

Les olives ont été cueillies manuellement à deux différents stades de maturité (début et fin) et les huiles ont été obtenues par la chaine continue 3 phases de l'Institut de l'Olivier. L'extraction de ces variétés d'olives a été faite à froid (28°C) pendant 60 min. Pour certaines variétés on a fait varier la température de malaxage de 25°C, 30°C et 35°C (Tableau I).

Les huiles d'olive utilisés ont été filtrées, mises en bouteilles et stockées à une température de 12°C.

Tableau I : Informations sur les huiles étudiées : lieu de récolte, date de récolte, température de malaxage et rendement en huile

Cultivars	Lieux de récolte	Date de récolte	Température de malaxage (°C)
Chemlali	Chrarda	01/01/2012	25-30-35
		15/03/2012	
	Fouchena	03/03/2012	35
	Bir Mallouli		
	Torba1	15/01/2012	30
	Torba2		
Chetoui	Bouarada	11/11/2011	25-30-35
		15/03/2012	
	Teboursek	15/03/2012	30
	Morneg	15/01/2012	30
Arbequina	Grombelia	01/01/2012	30
	Bouarada	03/03/2012	30
		15/01/2012	
	zaghwan	15/03/2012	30
Chemchali	Gafsa	02/02/2012	30
Leguim	Kairouan	28/11/2011	30

II. Analyse sensorielle : test hédonique

L'évaluation sensorielle constitue un outil indispensable pour le contrôle de la qualité des produits alimentaires et notamment des corps gras dont l'huile d'olive vierge (Raoux, 1998) [16]. Ce type d'analyse couvre deux types d'essais fondamentalement différents :

Les essais analytiques qui déterminent les caractéristiques sensorielles de l'huile et le classement de ce dernier en fonction de son profil sensoriel, cette analyse est effectuée par un jury expert selon les normes de dégustation de l'huile d'olive.

Les essais hédoniques effectués par le consommateur dont l'objectif est de connaître l'appréciation de l'huile d'olive en fonction, de la variété, du stade de maturité, de la localité et de la température du malaxage à travers un panel de 960 consommateurs de différents âge, sexe, catégories professionnelles et régions d'origine (en utilisant un questionnaire).

> Ces tests hédoniques sont conçus pour mesurer le degré d'appréciation de l'huile d'olive en se basant sur une échelle de catégories allant de «0» à «20». Les consommateurs choisissent, pour chaque échantillon, la catégorie qui correspond à leur degré d'appréciation.

> Les enquêtes ont été menées dans les conditions réelles d'achats au sein des grandes surfaces à Sfax. Chaque consommateur déguste les quatre produits présentés anonymes.

> Les échantillons ont été présentés au consommateur selon le modèle MOLS 31 (figure 2).

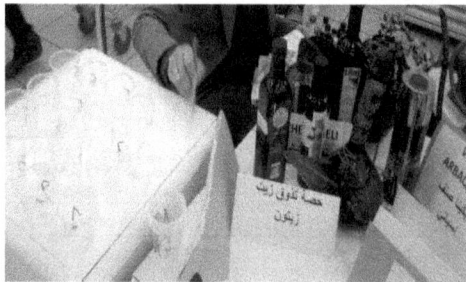

Figure 2 : Dégustation dans les conditions réelles de consommation (Test hédonique)

III. Analyses physico-chimiques

III.1. Dosage de l'acidité libre

L'acidité est le pourcentage d'acides gras libres, exprimée conventionnellement pour l'huile d'olive, en gramme d'acide oléique présent dans 100g d'huile.

Le principe de cette méthode consiste à doser les acides gras libérés lors de l'hydrolyse des chaînes de triacyglycérols par une solution titrée de soude selon la méthode de Wolff [17].

$$R-COOH + NaOH \longrightarrow R-COONa + H2O$$

✓ *Mode opératoire*

On pèse 5g d'huile puis on ajoute 20ml d'alcool neutralisé qui joue le rôle de solvant, après agitation on fait le dosage avec une solution de NaOH (0.1775N) en présence de quelques gouttes de phénol phtaléine. La fin du dosage est indiquée par l'apparition d'une couleur rose claire qui persiste durant au moins 10 secondes. L'acidité est égale au volume de soude utilisé jusqu'au virage de la couleur.

III.2. Indice de peroxyde (ISO 3960)

L'indice de peroxyde indique la teneur (exprimée en milliéquivalents d'oxygène actif par Kg d'huile) d'hydroperoxydes présents dans l'huile et formés au cours du phénomène de l'auto-oxydation. La détermination de l'indice de peroxyde consiste à titrer l'iode libéré au cours de l'oxydation de l'iodure par l'hydroperoxyde, présent dans la matière grasse, par une solution de thiosulfate de sodium.

✓ *Mode opératoire*

Le dosage a été réalisé par dissolution de 1g d'huile d'olive dans 10 ml de chloroforme. Ensuite, 15 ml d'acide acétique puis 1 ml de solution d'iodure de potassium saturée sont ajoutés tout en agitant pendant une minute et on laisse le mélange reposer pendant presque 5 minutes à l'obscurité. Finalement, 75 ml d'eau distillée ont été ajouté et l'iode libéré est titré avec une solution de thiosulfate de sodium (0.005 N), tout en agitant vigoureusement et en employant la solution d'empois d'amidon comme indicateur. Le même dosage est effectué pour un essai à blanc.

La valeur de l'indice de peroxyde est calculée par la formule suivante :

$$IP \text{ (méq d'O}_2/ \text{Kg)} = \frac{V \times T \times 1000}{M}$$

Avec

V : volume en ml de la solution de thiosulfate de sodium utilisée pour la prise d'essai

T : facteur de normalité de la solution de thiosulfate de sodium

m : masse de la prise d'essai

III.3. Extinction spécifique K232 et K270 (COI/T20/Doc. N°19)

Les extinctions spécifiques dans l'ultraviolet à 232 et à 270 nm, correspondent respectivement aux absorptions maximales des diènes et des triènes conjuguées. Le protocole consiste à peser 0,1g de l'échantillon à examiner (parfaitement homogène et limpide). Cet échantillon est par la suite dissout dans le cyclohexane et homogénéisé dans une fiole jaugée de volume final de 10 ml. Les coefficients d'extinctions de la solution obtenue, sont mesurés dans une cuve de quartz en employant comme référence le cyclohexane aux longueurs d'onde de 232 et 270nm [18]. Ces derniers ont été calculés comme suit :

$$K\lambda = \frac{K\ (\lambda)}{C \times S}$$

Avec, $K\lambda$: extinction mesurée à la longueur d'onde λ.

      C : concentration de la solution en grammes par 100ml.

      S : épaisseur de la cuve en centimètres.

III.4. Teneur en polyphénols (Méthode de Folin-Ciocalteu)

L'huile d'olive vierge est quasiment la seule huile contenant des quantités notables de substances phénoliques naturelles. Ces composés sont responsables du goût si particulier, à la fois amer et fruité et contribuent pour une grande partie à la stabilité de l'huile en augmentant sa résistance à l'auto-oxydation.

Le dosage des polyphénols est un dosage quantitatif qui a été réalisé selon la méthode de Gutfinger (1981) [19]. Ce dosage est basé sur l'usage du réactif de Folin-Cobalteux qui donne une coloration bleue en présence de polyphénols. L'intensité de la coloration est fonction de la richesse en polyphénols totaux, d'où le non de dosage colorimétrique.

    ✓ *Mode opératoire*

On pèse 2.5g de l'échantillon dans un tube à fond conique, ensuite, on ajoute 5ml d'hexane et 5ml de méthanol-eau (60 /40 v/v) pour l'extraction des polyphénols (fraction polaire). Le mélange a été agité vigoureusement pendant 2min par vortex est centrifugé à 3500 tr/min pendant 10 min.

On récupère par la suite 0.2ml de la phase méthanolique contenant les polyphénols totaux sur lesquels on ajoute 0.5 ml de réactif de Folin-Ciocalteu puis on dilue le mélange avec 4,3 ml de l'eau distillée.

Après 1 minute, on ajoute 1ml de carbonate de sodium 35%, puis on fait une deuxième dilution avec 4 ml de l'eau distillée.

Après incubation de l'échantillon pendant deux heures à l'abri de la lumière on fait la lecture de la densité optique à 726 nm. Un essai à blanc a été également réalisé.

$$\textbf{Polyphénols (ppm)} = (375,14 \times A) + 24,61$$

Avec A : longueur d'onde (726 nm)

III.5. Analyse des pigments

III.5.1. Détermination de la teneur en chlorophylles

Les chlorophylles sont des pigments verts élaborés par les chloroplastes qui captent l'énergie lumineuse nécessaire à la synthèse des éléments organiques à partir de l'eau et du gaz carbonique. Le dosage des pigments chlorophylliens est déterminé selon la méthode décrite par Wolff [20].

✓ *Mode opératoire*

On place l'huile dans une cuve en verre de 1 cm d'épaisseur et on détermine l'absorbance par rapport à une cuve témoin remplie de tétrachlorure de carbone, à différentes longueurs d'onde 630, 670, 710 nm.

$$\textbf{Chlorophylles (ppm)} = (A670 - (A630 + A710)/2)/0.1086 * L$$

A630 : Absorbance à 630 nm.

A670 : Absorbance à 670 nm.

A710 : Absorbance à 710 nm.

L : Epaisseur de la cuve = 1 cm

0. 1086 : une constante.

III.5.2. Détermination de la teneur en carotène

Les caroténoïdes sont aussi des pigments à effet protecteur et qui sont susceptibles de retarder la photo-oxydation des corps gras en désactivant l'oxygène singlet. La détermination de la teneur en carotène sera basée sur une méthode Spectro-photométrique [21].

✓ *Mode opératoire*

Une prise de 3 grammes d'huile est introduite dans une fiole jaugée de 10 ml qui sera remplie, jusqu'au trait de jauge par le cyclohexane et on agite. La teneur en carotène est quantifiée à l'aide d'un spectrophotomètre UV/Visible par lecture de l'absorbance à 470 nm.

La teneur en carotène est déterminée par la formule suivante :

$$\text{Carotène (ppm)} = (A_{470} \times 10 \times 10000) / (2000 \times 3)$$

A470 : Absorbance à 470 nm

Chapitre 3 : Résultats et discussions

I. Caractérisation des consommateurs enquêtés

I.1. Genre des consommateurs enquêtés

Comme nous l'avons déjà mentionné dans la partie matériel et méthode, l'enquête portant sur les préférences des consommateurs vis-à-vis des variétés d'huiles d'olives tunisiennes a été effectuée dans une grande surface au centre de Sfax.

Les consommateurs enquêtés (960) se subdivisent en une population masculine représentant 55,5% de l'échantillon et une population féminine représentant les 44,5% restants (figure 3).

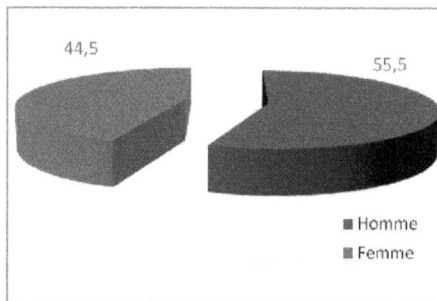

Figure 3 : Répartition des consommateurs selon le genre

I.2. Région d'origine des consommateurs enquêtés

La figure 4 montre que la majorité des consommateurs enquêtés sont originaire du Sud Tunisien (91.93%) avec des faibles proportions des consommateurs représentant les régions nord (4.3%), du Centre (2.95%) et de l'étranger (0.88%). Ceci est expliqué par le lieu de la réalisation de l'enquête qui se situe à Sfax.

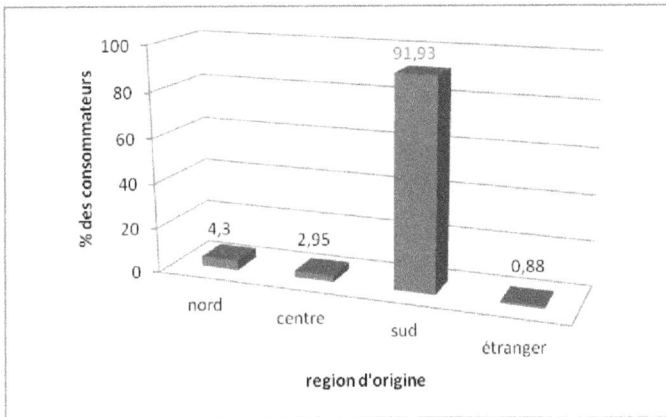

Figure1 4 : Région d'origine des consommateurs enquêtés

I.3. répartitions de l'âge des consommateurs enquêtés

L'analyse de la figure 5 montre que le panel consommateur est hétérogène avec une majorité de personnes âgées de 31 à 50 ans (52%). Alors que l'autre moitié est subdivisée en 30% des jeunes et 20% des personnes âgées de plus de 50 ans.

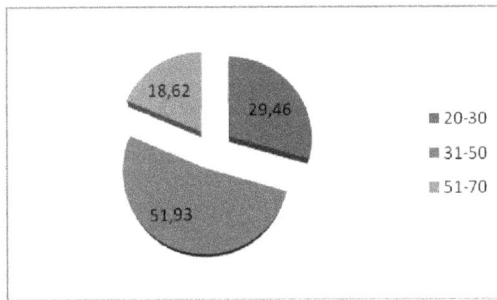

Figure 5 : Répartition de l'âge des consommateurs

I.4. Catégories socioprofessionnelles des consommateurs

Les résultats de l'enquête réalisée montrent que les personnes enquêtées proviennent de différentes catégories socioprofessionnelles réparties en 43.11% sont des employés, 15.16% sont des femmes aux foyers, 14.83% représentés par des étudiants, 13.11% sont des cadres, 10% sont des retraités et prés de 4% sont des chômeurs (figure 6).

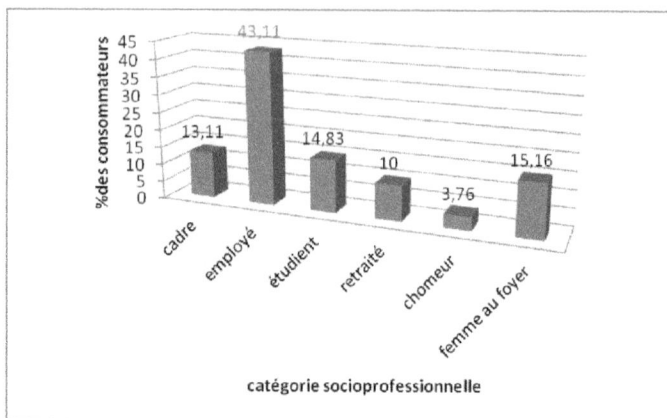

Figure 6 : Catégories socioprofessionnelles des différents consommateurs enquêtés

I.5. Fréquence de consommation de l'huile d'olive

L'enquête effectuée a révélé que la fréquence de consommation de l'huile d'olive est assez élevée, c'est ainsi que près de 92% des personnes enquêtées consomment l'huile d'olive tous les jours et à toute occasion alors que 6.77% de l'échantillon consomme l'huile d'olive moins d'une fois par jour à une fois par semaine et les 1.5% restants consomment l'huile d'olive moins d'une fois par semaine à une fois par mois (figure 7).

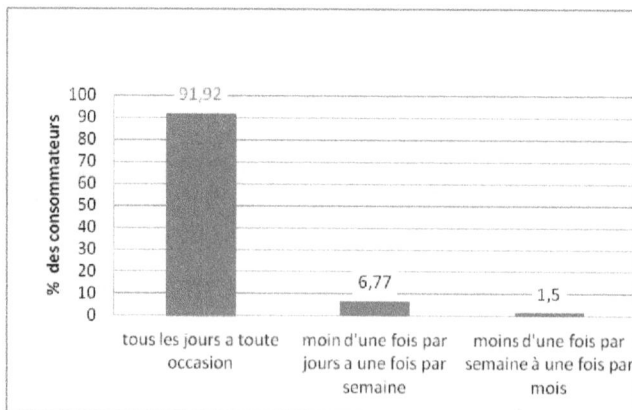

Figure 7 : Fréquence de consommation de l'huile d'olive

Le nombre élevé de la consommation quotidienne de l'huile d'olive peut être expliqué par le site choisi pour réaliser l'enquête, les personnes interrogées proviennent des régions productrices de l'huile d'olive à savoir Sfax et le Sud tunisien.

I.6. répartition de la consommation de l'huile d'olive et des huiles végétales

Une majorité constituée par 70% des personnes enquêtées consomment différentes huiles végétales y compris l'huile d'olive dans sa ration alimentaire alors que les 30% restant consomment exclusivement l'huile d'olive (figure 8). Mélanger les huiles végétales avec l'huile d'olive peut être du à une habitude alimentaire héritée ou à des raisons liées au pouvoir d'achat du consommateur.

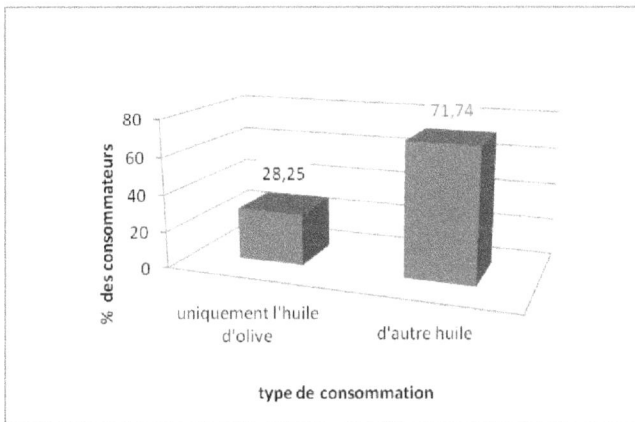

Figure 8 : Types d'huiles consommées par les personnes enquêtées

La figure ci-dessous montre que 31.5% des cadres et des employés interrogés consomment uniquement l'huile d'olive et 68,5% d'entre eux consomment d'autres huiles végétales à coté de l'huile d'olive (figure 9).

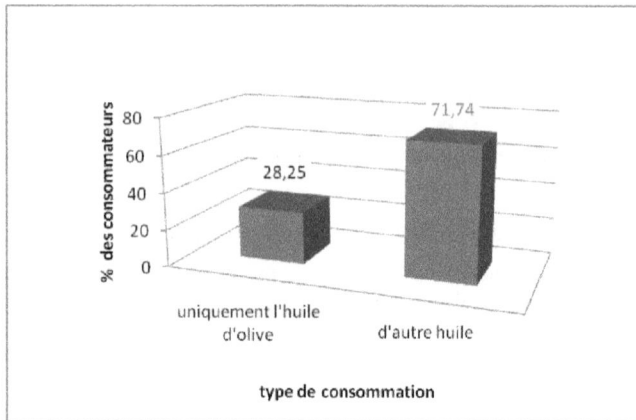

Figure 9 : répartition des huiles consommées par les cadres et les employés

I.7. Etude de la préférence du consommateur en fonction de l'emballage

Une majorité représentée par à peu près la moitié des consommateurs enquêtés préfèrent l'emballage métallique, 25.48% préfèrent l'emballage en plastique, 11.61% ont choisi l'emballage en verre opaque, 4.32% optent pour l'emballage en verre transparent et les 2% restants ont préférent d'autres types d'emballages (figure 10). Les travaux expérimentaux ont montré que le verre opaque est le meilleur emballage pour l'huile d'olive car il empêche le passage de la lumière qui favorise l'oxydation de l'huile et altère sa qualité. En faite, le consommateur est jusqu'à présent naïf et ses connaissances en vers l'huile d'olive sont encore limitées et sa consommation de l'huile d'olive se base généralement sur des habitudes et des coutumes alimentaires.

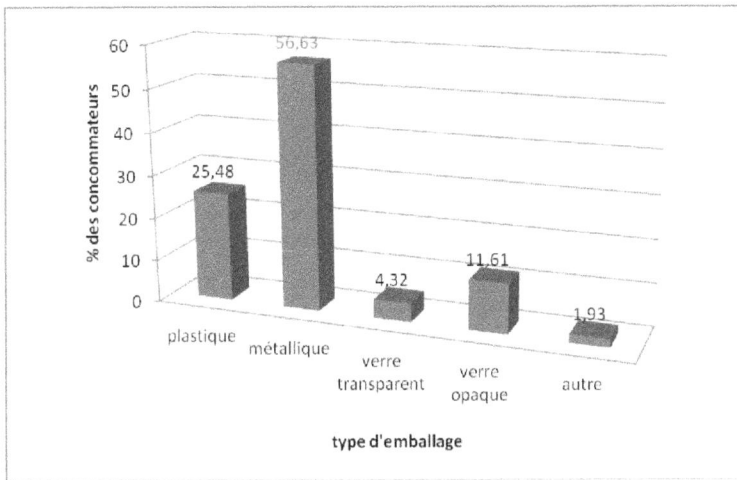

Figure 10 : répartition des emballages préférés par les consommateurs

I.8. Etude de la préférence du consommateur en fonction du Contenant de l'huile d'olive

D'après ce qui a été rapporté par l'enquête, nous avons pu constater que la majorité des consommateurs (82.15%) préfèrent acheter l'huile en vrac, alors que 14.3% préfèrent l'acheter dans des bidons en plastiques ou métalliques de 5 à 10 litres de volume, 2.5% des personnes enquêtées choisissent des bouteilles de 1 litre et les 1% restants préfèrent l'acheter en bouteilles de volume inférieur à 1 litre (figure 11). Dans la région de Sfax et notamment au Sud tunisien les consommateurs d'huiles d'olives sont habitués à consommer l'huile d'olive en vrac ou se qu'on appelle aussi « l'Aoula » qui le font chaque année au moment de la campagne ou juste après, ceci explique bien le pourcentage élevé de 82.15% pour les consommateurs qui préfèrent acheter l'huile en vrac. La notion de consommer l'huile d'olive emballée est encore moins réputée chez le consommateur tunisien est plus particulièrement au sud.

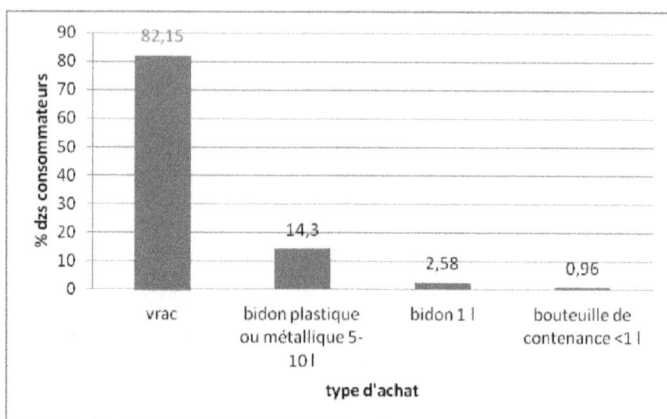

Figure 11 : Préférence du contenant des consommateurs enquêtés

I.9. L'influence du prix de l'huile d'olive sur l'achat

L'analyse de la figure 12 montre qu'à peu près 60% des consommateurs enquêtés ne sont pas influencés par le prix d'achat de l'huile d'olive, 35% sont un peu influencés et 5.37% des enquêtés sont très influencés. Ce résultat révèle que le prix d'achat n'influence pas le choix du consommateur.

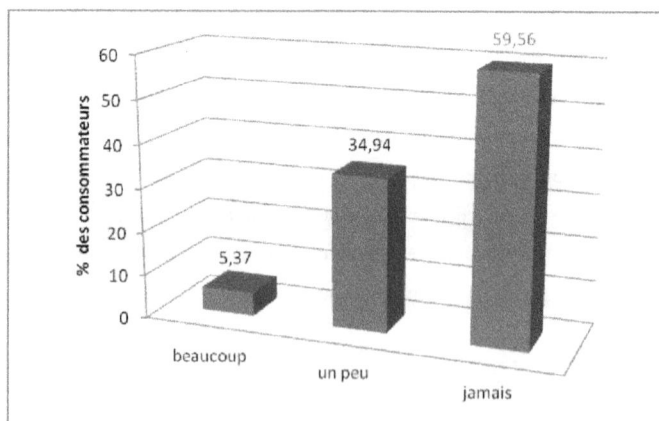

Figure 12 : Influence du prix de l'huile d'olive sur l'achat

I.10. Influence de la marque de l'huile d'olive sur le choix du consommateur

La figure 13 montre que 80% des consommateurs ne sont pas influencés par la marque lors de leurs achats, ceci est expliqué par la tendance du consommateur à acheter l'huile en vrac.

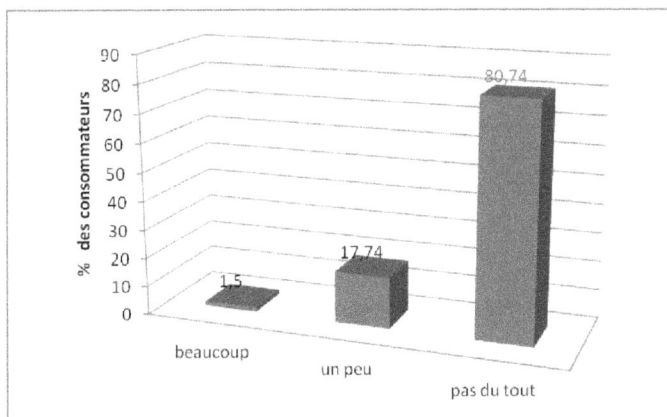

Figure 13 : L'influence de la marque sur le choix du consommateur

I.11. Influence de la couleur de l'huile d'olive sur la préférence du consommateur

Malgré que la couleur verte indique que l'huile a été extraite à partir d'olives vertes, naturellement plus riches en antioxydants et en chlorophylles qui sont responsables à la flaveur particulière de l'huile et à la qualité de l'huile, nous avons constaté que la majorité des consommateurs (75%) préfère la couleur jaune de l'huile d'olive comme le montre le graphique de la figure14, alors que le reste des consommateurs préfère la couleur verte. Généralement une huile de couleur verte est légèrement plus piquante et amère par comparaison à une huile jaune obtenue à partir d'olives noires et contient un peu moins d'antioxydants et sa saveur est plus douce et qui est appréciée par les gens de Sfax et du Sud.

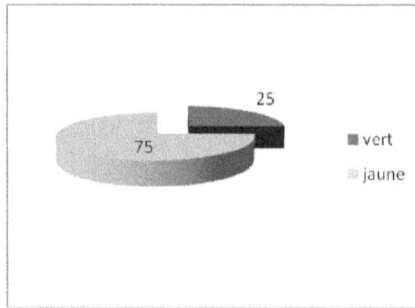

Figure 14 : l'influence de la couleur de l'huile d'olive sur l'appréciation des consommateurs

II. Influence de la variété sur la préférence des consommateurs

L'analyse de la figure 15 montre que les huiles d'olive issues des variétés « Leguim », « Arbequina » étaient les plus préférées par le consommateur ceci peut être expliqué par l'existence de deux groupes au sein de notre panel consommateur, un groupe qui préfère l'huile « Arbequina » connue pour son profil sensoriel doux (Ben Hassine, 2007)[22] et un autre groupe qui préfère l'huile « Leguim » ayant un profil fruité, amer, piquant et harmonieux (Ben Hassine, 2007)[23]. La figure 15 montre que l'huile de la variété « Chemlali » était la moins préférée (12/20).

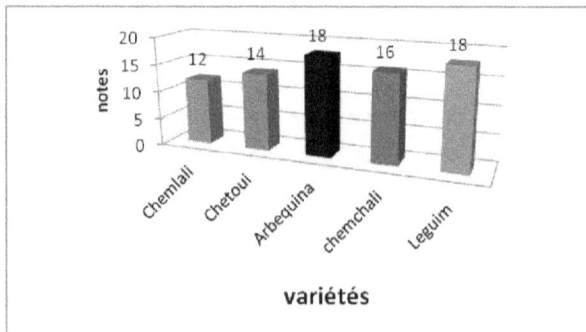

Figure 15 : Résultats des préférences consommateurs en fonction de la variété

III. Influence de la période de la récolte des olives sur la perception des consommateurs

　　　　♣　　*Influence de la période de la récolte des olives de la variété « Chemlali » sur la perception des consommateurs*

La figure 16 montre que la préférence du consommateur est influencée par la période de récolte des olives. En effet, les huiles les plus préférées par les consommateurs sont celles extraites à partir des olives verts de début de compagne (16/20), ceci est expliqué par la richesse de ces huiles en composés phénoliques et aromatiques appréciés par le consommateur.

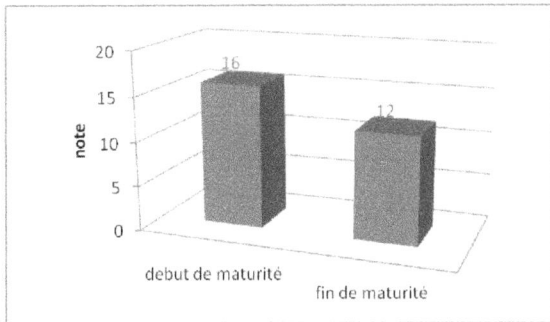

Figure 16 : Résultats de la perception des consommateurs en fonction de la période de récolte des olives de la variété « Chemlali ».

　　　　♣　　*Influence de la période de la récolte des olives de la variété « Chetoui » sur la perception des consommateurs*

Contrairement a ce qui a été constaté pour la variété « Chemlali », les huiles de la variété « Chetoui » obtenues à partir des fruits à la fin de maturité ont eu une note moyenne plus élevée (14/20) que celles extraites à partir des olives au début de la maturité (8/20) (figure 17). Au début de la maturité la variété « Chetoui » du nord est connue par un gout assez particulier représenté par son attribut piquant et une amertume intense qui ne sont pas préférés par les consommateurs du sud qui sont habitués à la consommation des huiles fruitées et douces. Cela montre aussi que si l'attribut piquant est très élevé et l'amertume dépasse un seuil bien déterminé d'intensité, l'huile sera rejeter et non appréciée par le consommateur du sud.

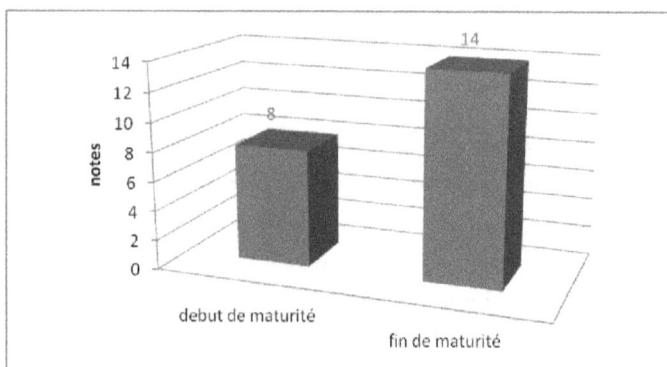

Figure 17 : Résultats de la perception des consommateurs en fonction de la période de récolte des olives de la variété « Chetoui »

VI. Influence de la température de malaxage sur la préférence des consommateurs

   ↓   *Variété « Chemlali »*

Plusieurs études ont montré que la température de malaxage influence le profil sensoriel des huiles. En effet, une température qui dépasse 30°C et un temps de malaxage de 60 minutes provoquent une perte des composés aromatiques volatiles de l'huile d'olive.

L'étude de la figure 18 montre que les préférences des consommateurs ne sont pas influencées par le changement de température de malaxage. Ceci peut être expliqué par le faible écart entre les températures choisies.

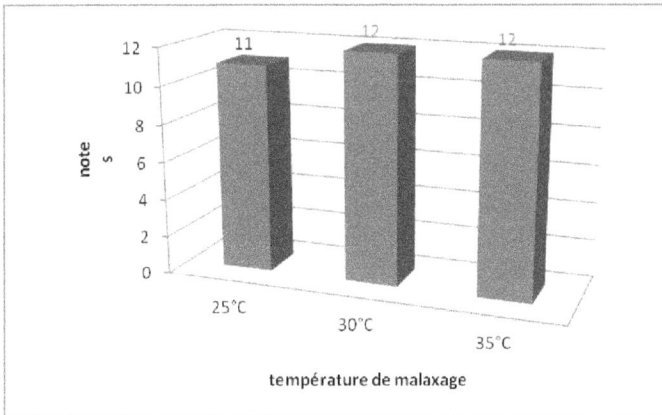

Figure 18 : variations de la préférence des consommateurs en fonction de la température de malaxage de la variété « Chemlali »

⬩ *Variété « Chetoui »*

La figure 19 montre que l'effet du changement de température de malaxage sur la préférence consommateur pour la variété « Chetoui » est plus important que la variété « Chemlali ». En effet, en augmentant la température de malaxage de 5°C, la note moyenne de préférence augmente respectivement de 10 à 17. Ce résultat se traduit par une dégradation des composés volatiles aromatiques de l'huile d'olive. Plus la température de malaxage augmente plus la préférence consommateur est meilleure, ce qui peut être expliqué par le faite que le consommateur tunisien est habitué à consommer des huiles provenant des huileries dont la plus part utilisent un barème de malaxage 35°C/60 minutes qui est un barème différent d'une extraction à froid (25°C/45minuntes) et qui provoque la destruction des composés volatiles aromatiques et des polyphénols qui sont responsables respectivement du gout fruité, amer et piquant de l'huile d'olive.

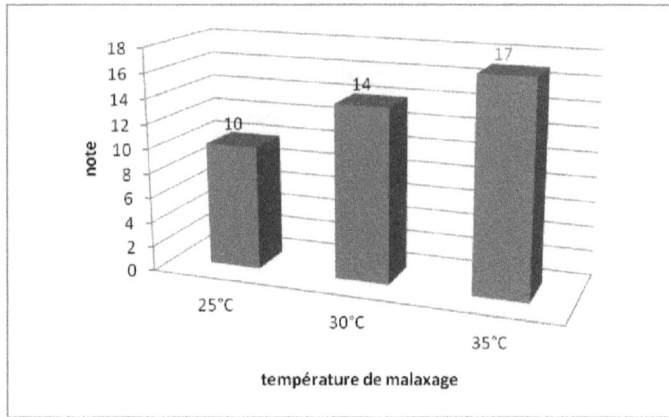

Figure 19 : variations de la préférence des consommateurs en fonction de la température de malaxage de la variété « Chetoui »

V. Influence de la localité sur la préférence des consommateurs

↓ *Variété « Chemlali »*

La figure 20 montre que les consommateurs, ont attribué la note la plus faible (9/20) pour la variété « Chemlali » de Bir Mallouli, alors que les huiles de provenances, Torba 2, Torba 1, Fouchena et Chrarda ont eu presque la même note qui varie entre 14 et 15.

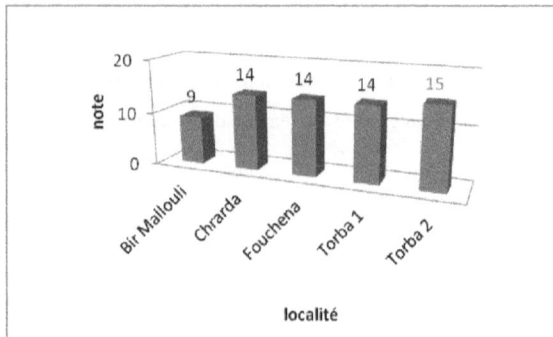

Figure 20 : Préférence des consommateurs en fonction de la localité de la variété « Chemlali ».

＋   *Variété « Chetoui » :*

La figure 21 montre un faible effet de localité sur la perception du consommateur. L'huile d'olive de la variété « Chetoui » issue des localités Bouarada, Morneg et le plus préféré (14), que celui de la localité Teboursek(13), mais la différence est insignifiante.

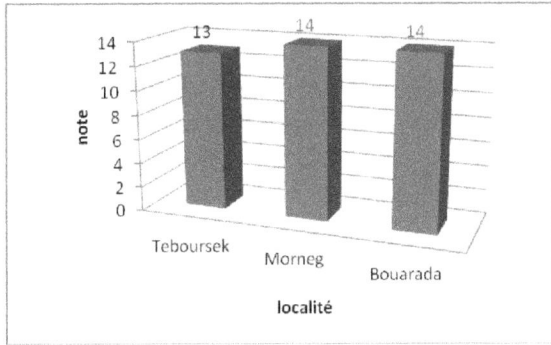

Figure 21 : Préférence des consommateurs en fonction de la localité
de la variété « Chetoui ».

＋   *Variété « Arbequina »*

Comparer à l'huile de la variété « Chemlali » et « Chetoui », l'effet localité sur la préférence des consommateurs sur la variété Arbequina est plus   important. En effet, l'huile de la localité Bouarada (18/20) est la plus préférée par rapport aux localités Grombelia et Zaghwan qui sont respectivement de 17/20 et 14/20.

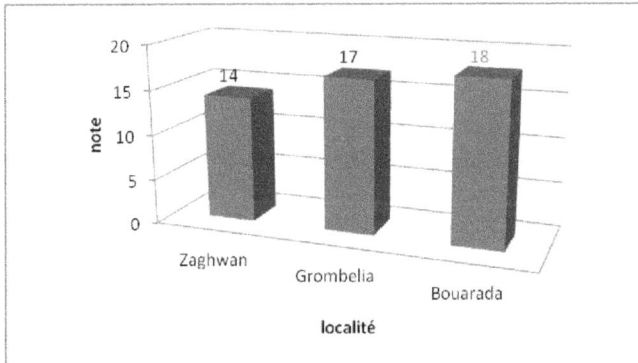

Figure 22 : Préférence des consommateurs en fonction de la localité de la variété « Arbequina ».

VI. Influence des paramètres physicochimiques sur la préférence des consommateurs

♦ Acidité

L'analyse de la figure 23 montre une variation de l'acidité en fonction de la variété (0.22 jusqu'à 0.52). L'acidité la plus faible est observée chez la variété Leguim (0.22) qui constitue avec l'Arbequina les variétés les plus préférées par les consommateurs (18 /20). La variété la moins préférée est « Chemlali » ayant une note de préférence moyenne (12/20).

L'ensemble de ces huiles répond à l'un des critères de classification dans la catégorie extra vierge, en effet, toutes les acidités trouvées sont conformes aux normes COI (≤0,8%) (COI/T.20/Doc.n°15/Rév.1, 2010) [24].

Les résultats obtenus montrent que l'acidité qui représente en faite le pourcentage des acides gras libres dans l'huile ne peut pas être détectée au moment de la dégustation surtout que les huiles objet de notre enquête sont des extra vierges.

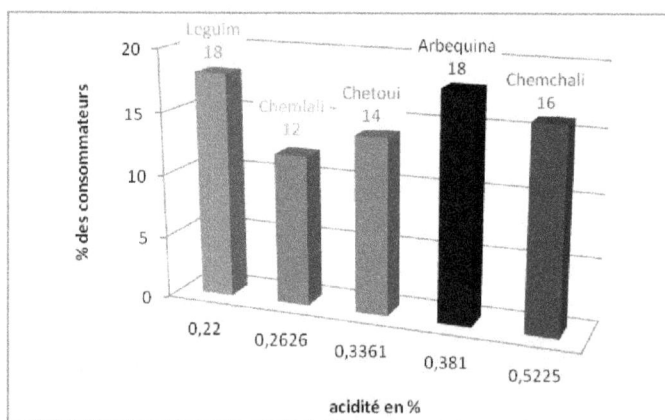

Figure 23 : Influence de l'acidité sur la perception des consommateurs

♦ Extinctions spécifiques : k232, k270

Les résultats d'absorbance en UV montrent que toutes les variétés analysées ont des absorbances en UV qui respectent les valeurs préconisées par la norme du COI : K232≤2.5; K270≤0.22.

Les valeurs moyennes des extinctions spécifiques k232 et k270 des variétés d'huiles d'olive montrent une variation. En effet, pour l'extinction spécifique K232, la valeur la plus basse a été observée chez la variété « Leguim » qui était la variété la plus préférée, pour l'extinction spécifiques K270 la valeur la plus faible a été observée chez l'huile d'olive de la variété « Chemchali » qui a été moins préférée que l'huile d'olive provenant de la variété « Leguim » et « Arbequina ». Le consommateur hédonique n'arrive pas à détecter par dégustation ces différences concernant les K232 et K270 surtout quand leurs valeurs sont conformes à la norme et les huiles sont des huiles extra vierges et ne sont pas oxydées.

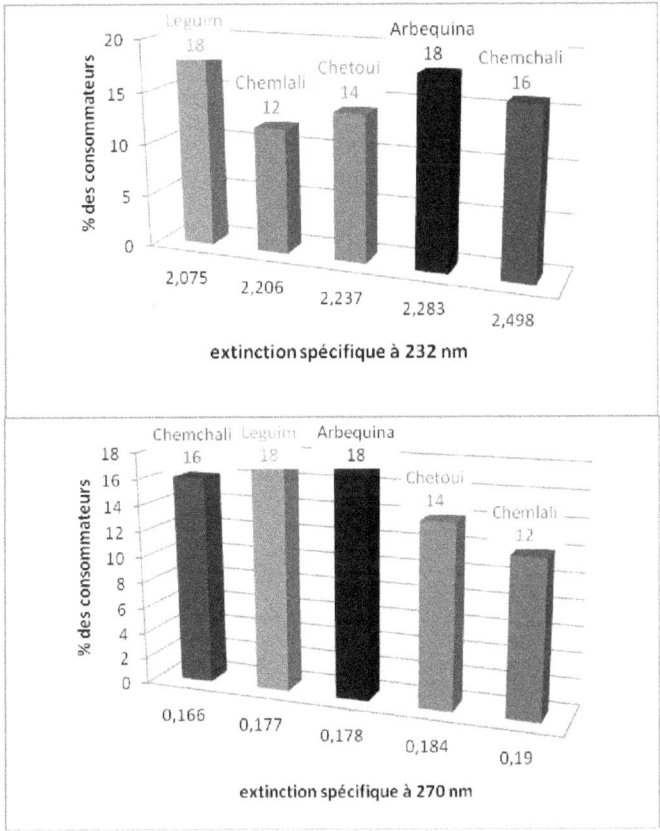

Figure 24 : Variation de la préférence des consommateurs en fonction des coefficients d'extinction spécifiques (K232, K270)

⬥ *Indice de peroxyde (IP)*

L'analyse de la figure 25 montre une variation de la préférence consommateur en fonction de l'indice de peroxyde.

Les valeurs moyennes des IP (figure 25) des échantillons analysés d'huile d'olive sont relativement basses, comprises entre 8 et 16.5 méqO$_2$/kg, inférieur à la limite maximale fixée par la norme COI ($\leq$20 méqO$_2$/kg) (COI/T.20/Doc.n°15/Rév.1, 2010).

La valeur la plus basse d'indice de peroxyde a été observée chez l'huile d'olive de la variété « Chemchali », cette variété a été préférée par le consommateur (16/20). Toutefois, les huiles des variétés « Leguim » et « Arbequina » avec des valeurs d'indice de peroxyde respectivement de 11.45 et 16.5 ont eu comme note de préférence (18/20) et sont beaucoup plus appréciées par les consommateurs (figure 23). Du moment où les huiles sont des extra vierges (IP$\leq$20) le choix du consommateur hédonique vis-à-vis des variétés ne peut pas être influencés par les valeurs des IP.

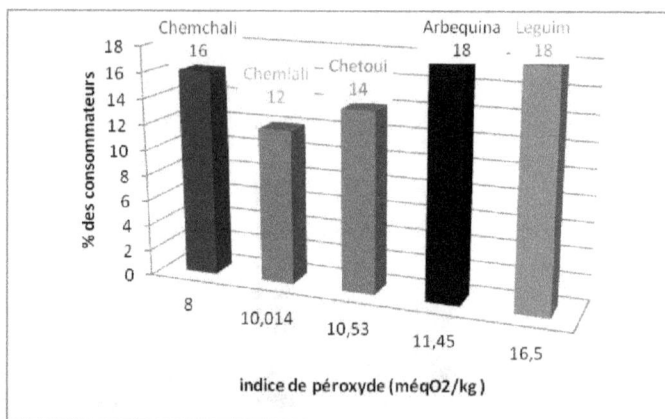

Figure 25 : Variation de la préférence consommateur en fonction de l'indice de peroxyde

⬥ *Les pigments : chlorophylles totaux et caroténoïdes*

<u>Chlorophylles totaux</u>

La teneur en chlorophylles totaux est corrélée à la couleur de l'huile et constitue par conséquent un important paramètre analytique dont dépend la qualité sensorielle de l'huile d'olive (Salvador et *al*, 2001) [25].

La figure 26 montre une variation entre la note de préférence consommateur et la teneur en chlorophylles entre les différentes variétés de l'huile d'olive. Les variétés « Leguim » et « Arbequina » étaient les plus appréciées par les consommateurs ayant respectivement des teneurs en chlorophylles de 3.683 ppm et 0.83 ppm. Ce qui peut être expliqué par l'effet non significatif de la teneur en chlorophylles sur la préférence des consommateurs.

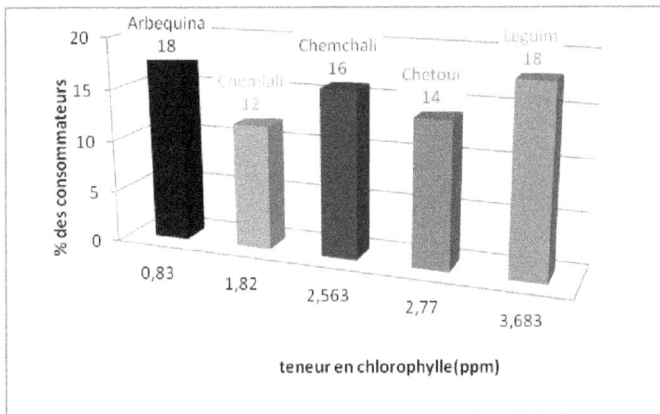

Figure 26: Influence de chlorophylles totales sur la perception des consommateurs

Teneur en caroténoïdes

Le β-carotène est un composé naturel de l'huile d'olive vierge et se trouve à des concentrations variables selon la variété, le degré de maturité et la méthode de cueillette des olives (Kiritsakis et al, 1985) [26].

L'analyse de la figure 27 montre que la préférence des consommateurs est influencée par la teneur en carotènes de l'huile d'olive. La variation de la teneur en carotène observée est comprise entre (4.412 ppm et 8.19 ppm). Plus la teneur en carotènes augmente plus l'huile est moins préférée par le consommateur. Les huiles des variétés « Leguim » et « Arbequina » étaient les plus préférées avec des teneurs moyennes en carotènes respectivement de 4.48 ppm et de 4.71 ppm.

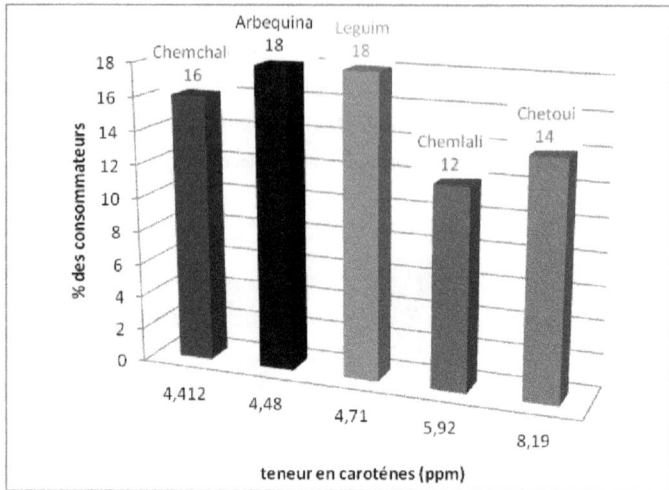

Figure 27 : Variation de la note de préférence des consommateurs en fonction de la teneur en carotènes

Teneur en polyphénols

L'analyse de la figure 28 montre une variation de la note de préférence des consommateurs de l'huile d'olive en fonction de la teneur en polyphénols, c'est ainsi que la teneur la plus élevée en polyphénols est observée chez la variété « Chetoui » (195.53ppm) qui a eu comme note moyenne de préférence (14/20) comparé aux variétés « Arbequina » et « Leguim » les plus préférées (18/20) par les consommateurs et qui ont des valeurs moyennes en polyphénols respectivement de 118.5 ppm et 115ppm.

Une note relativement faible a été attribuée aux huiles de la variété « Chemlali » qui représente la teneur la plus faible en polyphénols (97ppm). Ceci peut être expliqué par l'importante influence des composés phénoliques sur le profil sensoriel de l'huile d'olive, certains composés phénoliques se trouvent dans les huiles de qualité génèrent un goût fruité et une propriété antioxydante à savoir l'hydroxytyrosol) d'autres composés affectent négativement les bonnes caractéristiques sensorielles de l'huile d'olive tels que, le tyrosol et les acides phénoliques (Kiritsakis, 1998) [27]. Une faible valeur de polyphénols des huiles engendre une teneur faible en attribut fruité par conséquent une diminution de la préférence chez les consommateurs, toutefois, une teneur très élevée au niveau des polyphénols peut affecter négativement la préférence des consommateurs en augmentant l'amertume de l'huile d'olive.

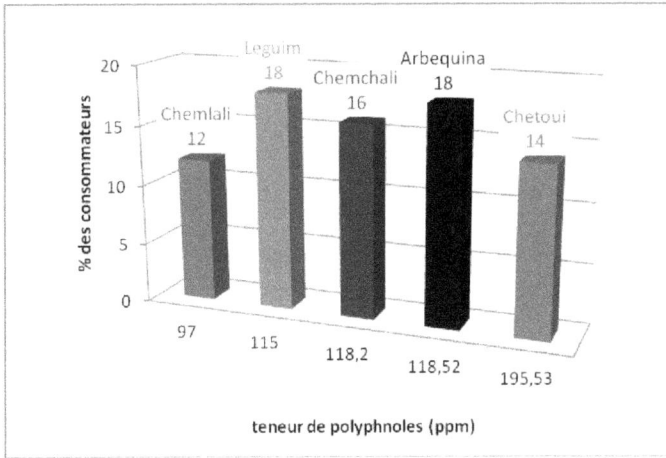

Figure 28 : Variation de la note de préférence des consommateurs en fonction de la teneur en polyphénols

CONCLUSION GENERALE

Dans le but de renforcer la consommation de l'huile d'olive sur le marché local et sensibiliser le consommateur tunisien sur la valeur nutritionnelle et les bienfaits de la consommation de ce produit sur la santé. Nous avons lancé une étude qui a donné les résultats suivants :
Le consommateur tunisien préfère consommer l'huile d'olive en vrac.

La couleur verte de l'huile d'olive n'est pas appréciée par le consommateur qui préfère la couleur jaune ou doré de l'huile d'olive.

En ce qui concerne l'influence du période de récolte sur la préférence consommateur, ces derniers préfèrent des huiles d'olive provenant des huiles d'olive obtenues au début de compagne. Quand à la variété Chetoui du nord connue par un profil sensoriel fruité, amer, piquant n'était pas très appréciée par le consommateur issu du sud comparé aux huiles d'olive douces provenant des variétés « Chemlali » et « Arbequina ».

Concernant l'influence de la température de malaxage lors de l'extraction de l'huile d'olive pour la variété « Chemlali » l'effet n'était pas significatif. Alors que pour la variété « Chetoui » plus la température de malaxage augmente plus la préférence consommateur est importante.

L'effet de la localité sur les préférences consommateurs montre que l'effet était significatif seulement pour la localité Bouarada pour la variété « Arbequina » alors que pour les variétés « Chemlali » et Chetoui l'effet n'était pas significatif.

Un effet significatif de la variété sur le consommateur a était observé. En effet, les huiles d'olive issues des variétés « Leguim » et « Arbequina » étaient les plus préférées par le consommateur.

Les résultats ont montré que la teneur chlorophylle n'affecte pas la préférence consommateur. Alors que les antioxydants carotènes et polyphénols influencent significativement la préférence consommateur. Une teneur faible en polyphénols engendre une teneur faible en attribut fruité par conséquent une diminution de la préférence chez le consommateur, une teneur élevée des polyphénols dans l'huile d'olive peut affecter négativement la préférence consommateur.

Dans le cadre d'améliorer la consommation de l'huile d'olive dans le marché local et mettre à disposition des consommateurs dans les régions des huiles qui répondent à leurs préférences selon leurs différentes catégories : âge, genre, catégorie socioprofessionnelle...etc. Il serait utile de :

- Procéder à des mélanges variétaux des huiles afin d'améliorer le profil sensoriel des variétés.

- Augmenter le nombre des personnes interrogées et élargir l'espace géographique d'échantillonnage dans de nouvelles Campagnes pour confirmer les préférences établies ainsi que la vérification de leur reproductibilité.

- Utiliser les résultats de cette étude pour l'élaboration des huiles portant des signes de qualité : Appellations d'Origine Contrôlée (AOC).

Référence bibliographique

[1] **Grati-Kammoun N., 2007** .étude de la diversité. Génétique de l'olivier en tunisie : approche pomologique, chimique et moléculaire. Doctorat d'université de Sfax : faculté se science de Sfax, Tunisie : 307p

[2] **Karray B., 2004.** La filière huile d'olive en Tunisie performance et stratégie d'adaptation, ECO10 (Institut de l'Olivier Sfax, Tunisie).

[3]**Conseil oléicole international :** COI/T.15/NC n° 2/Rév. 10,8 novembre 2001,2

[4] **A.KIRTSAKIS, 1990.** Am. oil chem. Soc, Press: champing, Illinois.

[5]**F.SANTINELLI, P. DAMIANI, 1992.** Rev. Fr. des corps gras. 39, 25-32.

[6] **A.CIMATO, 1990.** Olivae. 31-20

[7] **Garrido Fernandez A., Garcia Garcia P. , Lopez Lopez A. and Noé Arroyo Lopéz F., 2004.** Nutritional characteristics of olive oil and table olives. In TDC Olive Encyclopaedia.

[8] **W. DEGREYT, 1998.** THESE (Ph.D); 60.

[9] **K. WARDA et M.SAOUSSEN, 2002.** Mémoire de fin d'études, pp3-4.

[10] **J.BROD, H. TAILER et A. STUDER. Int. J. Cosmet. Sci.** 10, pp149-159.

[11] **M.RAHMANI, 1986.** Olivea. 26, 30-32

[12] **Chimi H., 2006.** Technologie d'extraction de l'huile d'olive et gestion de sa qualité .transfert de technologie en agriculture,n°141,(fevrier 2008).

[13] **Chimi H., 2006.** Technologie d'extraction de l'huile d'olive et gestion de sa qualité .transfert de technologie en agriculture,n°141,(fevrier 2008).

[14] **BIRCA, M., 2005.** L'alimentation et les sens. Memoire de DESS, Ecole Polytech'Lille. 54p.

[15] **BEN HASSIN, K.**Caractérisation analytique d'un espace d'huile d'olive (2007. Aspects physicochimiques, sensorial et hédonique, Mémoire de Mastère. P33

[16] **RAOUX, R., 1998.** Méthodologie et spécificités de l'évaluation sensorielle dans le domaine des corps gras. Analusis, 26(3) : 66-71

[17]**Wolff.J.P ;(1968).**Manuel d'analyse des corps ,370p. Edit,Azoulat Paris, 186440.

[18]**Extinction spécifique** COI/T20/Doc. N°19/Rev .1

[19]**GUTFFUNGER, ET LETAN, A.,1981.** Studies of unsaponifiable in several vegetable oils. Lipides658.

[20]WOLFF, J. P., 1968. Manuel d'analyse des corps gras. Editions Azoulay, p360.

[21]Conseil Oléicole International, (2004). Analyse de secteur oléicole mondial au cours des années 90. Olivae, 100,12-17.

[22]BEN HASSIN, K. Caractérisation analytique d'un espace d'huile d'olive (2007). Aspects physicochimiques, sensorial et hédonique, Mémoire de Mastère. P99

[23] BEN HASSIN, K. Caractérisation analytique d'un espace d'huile d'olive (2007). Aspects physicochimiques, sensorial et hédonique, Mémoire de Mastère.P102

[24] Conseil Oléicole International, (COI/T.20/Doc.n°15/Rév.1, 2010).

[25] SALVADOR, M.D., ARANDA, F., GOMEZ-ALONSO, S. ET FREGAPANE, G., 2001. Cornicabra virgin olive oil: a study of five crop seasons. Composition, quality and oxidative stability. Food Chemistry 74: 267-274.

[26]KIRITSAKIS, A. K. ET DUGAN, L. R., 1985. Studies in photooxydation of olive oil. J. Am. Oil Chem. Soc., 62 : 892.

[27] KIRITSAKIS, A. K., 1998 a. Flavor components of olive oil: a review. J. Am. Oil Chem. Soc., 75: 673-681

www.ingramcontent.com/pod-product-compliance
Lightning Source LLC
Chambersburg PA
CBHW021610210326
41599CB00010B/683